动物园里的朋友们
（第一辑）

我是老虎

［俄］伊·拉古坚科 / 文
［俄］叶·沃罗宁娜 / 图
于贺 / 译

江西美术出版社
全国百佳出版单位

我是谁？

你好！我是东北虎。既然我们彼此见过面了，那就说明我们都对彼此充满了兴趣，因为我们老虎只有在好奇心的驱使下才会出去迎接人类。我出生在森林里，也栖息在这里。就是在这里，我一连几年都和母亲及两个姐妹生活在一起，直到我长大了，就和她们分开生活了。你也有一个大家庭吗？

我有很多亲戚呢，比如生活在印度的孟加拉虎，生活在苏门答腊岛上的苏门答腊虎。我们都是老虎，而且都长着黄色或棕黄色的皮肤，上面还有深色条纹呢。

在不同国家，我们的名字各不相同。我记得过去我们曾被叫作"安巴"（Amba），因为人类认为我们具有一些神奇的特异功能。但"安巴"还有一个意思是"世界末日"，可是我们真的有这么可怕吗？下面就让我来给你讲一讲关于我们更详细的一些情况吧。

成年东北虎的体重是你的体重的**10**倍。

老虎站起来时的高度

和你的身高差不多。

我们的居住地

　　成年老虎需要拥有属于自己的领地，我们曾经占据了从山脉、沙漠到海洋的大片土地，面积差不多和莫斯科一样。但是未经开采的林区的面积逐渐减少，我们不可避免地要与人类生活在一起，比如中国人、印度人、俄罗斯人、朝鲜人、泰国人及许多其他国家的人民。

　　我们现存的老虎可以分为 6 个亚种。我和亲戚都属于栖息在针叶林里的东北虎（也叫作西伯利亚虎）。虽然针叶林面积很大，但目前林子里只剩下大约 500 只东北虎了。而孟加拉虎大约还有 2000 只，他们生活在印度及其周边国家。

　　但即使把所有老虎加在一起，数量也比不上一个小镇的总人口。我们如此稀有，以至于人类都把我们编入了红皮书。

野外生活的老虎可以活 **15~20** 年，人工繁殖的老虎能活 **26** 年左右。

老虎的尾巴上大约有 **10** 条深色花纹。

老虎的花纹其实是长在皮肤上的。

条纹虎皮

    几乎每只老虎的皮毛上都长着100多条花纹。这些条纹的首要作用是用来遮挡阳光。我们东北虎的条纹比其他老虎的要少，这是因为和生活在苏门答腊热带雨林或中南半岛山区里的兄弟们相比，我们在森林中能晒到阳光的天数比较少。

    和孟加拉虎比起来，我们的肚子更厚实，因为我们需要长时间待在雪地里，为此我们的皮肤下面长着一层特殊的脂肪层，不管是什么样的天气，我们都能保持温暖。但南方老虎根本不需要这层脂肪，所以他们看起来比我们苗条。

    顺便想问一下，有人看过老虎肚子上的条纹是什么样的吗？

老虎腹部的毛发要比背部的长 1 倍。

我们的身体

请告诉我，你们是如何护理自己的"爪子"的呢？你们的叫法不一样吗？好吧！但是我们老虎的新爪是旧爪剥落下来后慢慢长出来的。为了尽快更换爪子，我们常用它们来搔刮树皮——人们通常觉得我们这是在生谁的气呢。

其实我们老虎并不喜欢生气。不过，我们自然也会做好充分准备，随时准备认真地搏斗：我们的皮肤下就是坚实的肌肉，爪子也像军刀一样锋利，獠牙当然也是所有大型猫科动物中最长的，尾巴长度甚至超过 1 米，这样就可以从脚下绊倒敌人！

但我们通常只是将自己的力量用于狩猎。

如果不得不卷入一场搏斗，你会如何让自己的伤口愈合呢？我会舔舐自己的伤口，因为我妈妈告诉我，我们的唾液可以帮助愈合各种伤口。但这或许只适用于老虎。

老虎有 **30** 多颗牙齿，要比你的多。

老虎的爪子长约
8~10厘米，
比你的手掌稍短一些。

我们的感官

"住手！听到了吗？"不过很可能你听不到，因为我们老虎可以听到人耳听不到的声音，这对于森林生活至关重要。森林里有许多声响，如沙沙声、咔嗒声、噼啪声等，灵敏的听觉可以帮助我们确定究竟是在多远的地方发生了什么事。

老虎的眼神敏锐又犀利。无论日光还是月光，我们都能适应。我们更喜欢在清晨和晚上狩猎，白天睡觉。在晚上，我们比许多其他种类的动物看得更清楚，在这方面你们人类也远远比不上我们。

我们还有另一个优势呢。人们认为老虎长着小胡子，但其实这是我们功能强大的"天线"。它们长在我们的鼻子下面，还有眉毛上方。有了这些"天线"，我们就能感受到最轻微的碰触，甚至是声音的震动。因此，我们没什么机会去体会"意料之外"。

老虎的夜视能力是人类的 6 倍。

老虎触须的长度和
它们的体宽差不多。

我们的记忆和智慧

你还记得一年前发生在自己身上的事吗？那么昨天发生的事呢？你能描述一下今天早上所有遇到的人吗？对于我们老虎来说，这些问题完全是小菜一碟。

出色的记忆力有助于我们在野外生存下来，也可以让我们避免那些不必要的风险。我们不仅可以记住在我们洞穴附近遇到的每个人，还可以记住他们的声音。我们甚至可以模仿其他动物的声音，来诱捕他们。

虽然我们想把许多动物都当作自己的猎物，但他们却能在远处闻到我们的气味。即使我们一直在清洁自己的皮毛也无济于事。不过，这些年来积累的经验教会我们如何解决这一难题，比如我们可以逆着风悄悄地接近鹿和野猪。

5 千米之外都能听到老虎的咆哮声。

老虎的记忆力是人类的 30 倍。

2 岁之后，老虎就不会爬树了。

雄性老虎一天可以跋涉 **40** 千米，

雌性老虎一天可以跋涉 **20** 千米。

我们的力量和耐力

如果一个地方没有东西可以吃，我可做不到一直待在那里。我绝大部分的时间都花在了巡视自己的领地上。除此之外，还有别的办法可以知道是否有机会在狩猎时满载而归吗？知道附近有没有陌生人吗？

我有些亲戚住在南方的热带雨林里，他们经常穿过河流，游到对岸去巡查他们的领地。我也喜欢游泳，如果需要的话，我也能游上一整天。另外，我还吃鱼呢。

但我们这里河流并不多，我更喜欢在森林里或岩石上走来走去。站在我狩猎时走的山径上，几乎可以对森林一览无余。如果发现了一个鹿群，我就会躲藏起来等待几个小时，直到他们离我越来越近。当我们之间仅剩几步的距离时，我会纵身一跃——对他们来说，我或许就像一道疾速的黄色闪电。对呀，我其实是一个捕食者，并不是一只家猫。

我们的食物

我已经习惯了应对没有食物的生活。去年冬天，我曾一连几天不眠不休，不停地寻找适合狩猎的地方。

除了冬天，在一年中的其他时间里狩猎都没有困难。天寒地冻时，我的脚掌会陷入雪中，让我很难捉到猎物。如果走运的话，我能捉到一只小野猪或者野兔。如果没有猎物，我就不得不挖积雪下的浆果吃。

但是当我捕到大一些的猎物时，比如鹿、狍子或成年野猪，就可以储存起来慢慢吃了。当然不是一次就吃完，我通常会把午餐藏在树叶或树枝底下，然后就在附近过夜，直到把这些肉都吃完。

当食物准备充足之后，我就可以放松一下了。最重要的是附近一定要有水，饱餐一顿后，我真的很想喝水呀！

如果一只老虎很久都没有吃东西，那它一次可以吃下 30 千克的肉类。

一只成年老虎一年可以吃完
一整辆卡车的肉，大约有
3000 千克。

我们睡觉的地方

老虎只有在童年时才会过家庭生活。当我和母亲还有姐妹们住在一起时，我们都睡在山洞里。早晨，她们跑到空地上望望下面的山谷，还会在一起玩耍嬉闹。

如今，当我独自生活、狩猎时，我没有一处固定的住所。我喜欢在森林中给自己筑起一个舒适的小窝，一般是在老橡树或是被伐倒的椴树的遮蔽下。我的巢穴周围尽是一些扎人的树枝和灌木，但我不会邀请任何人来做客，所以不要担心。有时，我能在岩石中找到洞穴，这可真是太棒了！尤其是在冬季。

如果我是一只雌老虎，而不是雄老虎，那么我必须找到一个更坚固的洞穴，不仅要远离那些狩猎时走的山径，还要避开那一双双"充满好奇"的眼睛。这种洞穴非常隐蔽，可以让雌老虎和后代不止一个冬天都隐藏在里面。

老虎一昼夜可以睡 **18** 个小时。

白天老虎在自己的猎物附近休息。

老虎妈妈一生可以养育 **10~20** 只虎宝宝。

我们的老虎宝宝

一年前，我遇到了我的姐姐和她的孩子们。当然我们没有立即认出对方，她真的做好要与我搏斗的准备了，不过这只是为了不让我接近她的虎宝宝们。

他们和其他老虎一样，是在春天出生的。这样，冬天来临时（事实上更早），他们就能够跟随着自己的母亲到处游走了。

我们见面时，虎宝宝们几乎已经不吃自己妈妈的乳汁了，他们已经熟悉了肉的味道。因此，我决定和他们分享我的新鲜猎物——一只小鹿。

他们将共同迎来一个冬天，也许会是两个。只有这样，虎宝宝们才能学会照顾好自己。我姐姐让我明白她并不需要我的帮助，所以我独自离开了。是的，我们老虎是非常独立的动物，家庭生活不太适合我们。

3~5岁时，老虎进入成年期。

华南虎是最罕见的老虎，
野外生存的数量不超过**30**只。

我们的天敌

你还记得吗，我问过你是否曾经与人搏斗过？至于我呢，即使我做好了充分准备，我也不喜欢先动手。我们和棕熊围着彼此绕了一圈又一圈，因为不知道谁会在这场搏斗中胜利，所以谁也不敢先动手。妈妈曾经告诉过我，有一只不冬眠的熊是怎么一直在她后面跟踪她的，她当时非常害怕。那只熊想找到妈妈曾经隐藏我们的地方，然后抢走妈妈的猎物。

我的亲戚孟加拉虎会给你讲一些故事，关于他们在热带雨林中不得不应付喜马拉雅熊和豺群的故事，甚至还有鳄鱼的故事，这些牙齿锋利的掠食者会与老虎争夺午餐。

这些对手在智力和体力上都和老虎不相上下。还有唯一一类专门捕杀老虎的物种，这类"野兽"就是人类。当然，我说的不是你呀。

每年 7 月 29 日是世界爱虎日。

70 年前，东北虎就已经成为保护动物了。

你知道吗？

动物学家说，**200** 万年前 **老虎就在地球上出现了。**

这当然是很久之前的事，但也不是非常久。马生活在地球上的时间是我们人类的 2 倍。而鲨鱼呢，大约 4 亿岁了。所以老虎还是很年轻的，几乎和我们人类一样，要知道我们也比鲨鱼年轻得多。

俄语、英语、法语、德语中 老虎都是 "Tiger"。

但这个词来自古波斯语，这是很久以前生活在现在的伊朗的人们所说的语言。从这门非常古老的语言翻译过来，"Tiger" 这个词的意思是锐利的、敏捷的。

这名字太合适了，对吧？

看看老虎身上有多少锐利之处！牙齿很锐利，爪子很锐利，听觉很灵敏，视力很锐利，嗅觉也很敏锐……好吧，这简直不是一只野兽，而是一根针呀，身上的一切都是那么尖锐。

老虎很敏捷，这也是事实呀。

看看它又要跳起来了！想象一下，东北虎如果努力一跃，可以跳出 10 米远，而我们人类的跳远冠军却连 9 米都跳不到！

庞大又笨重的老虎甚至可以以每小时 60 千米的速度参加赛跑呢，这可不比在城市里行驶的汽车速度慢。当然，前提是不堵车。

不过老虎无法以这个速度奔跑很久，

大约只能跑 **100～200** 米。

然后它就疲倦了，或许只是跑烦了？那又怎样呢？我们人类根本无法加速到这样快的速度呢！就算是世界上最出色的跑步运动员也很难达到每小时48千米的速度。在我们人类竭尽全力的情况下，每小时也只能跑16千米……

我们的东北虎是世界上的

老虎之"最"。

你知道它们有哪些"之最"吗？东北虎是世界上地理位置最北的老虎，是世界上最大的老虎，也是世界上最毛茸茸的老虎。而且它们的名字也有很多，不仅被称为东北虎、阿穆尔虎，还被叫作乌苏里虎、西伯利亚虎和远东虎。

此外，东北虎还是最大的

陆生猛兽前三名呢！

那么，这些动物中有谁比东北虎的体格更庞大呢？第一是北极熊，第二是棕熊。这就是全部了，不会再有"第三名"。毕竟与老虎相比，其他所有动物，包括狮子，都是小家伙呢！大象和犀牛当然比老虎大得多，但它们不是猛兽呀，所以它们不算在内。

老虎不仅比狮子个头大，而且还比

狮子更有"教养"呢！

老虎吃得比狮子还多，它们的胃口得有多大呀！但老虎并不贪食，在"饭桌"旁表现得很有礼貌。通常老虎是独自狩猎的，因此所有猎物都归自己所有。但如果一只雌老虎突然出现在雄虎的狩猎地点附近，即使这些雄老虎的年龄比雌虎小，高尚的它们也肯定会把食物让给女性的。

然后自己吃剩下的食物。

而老虎的狮子亲戚们表现得则正好相反：雄狮会先吃掉最好吃的食物，然后才让雌狮和幼狮用餐。不得不承认老虎的举止就像骑士一样，而狮子却不是。所以，谁是真正的兽中之王呢？

而且，老虎的叫声比狮子更可怕。

但它们并不会用这种可怕的咆哮声来恐吓其他动物，这其实是它们正在和自己的兄弟姐妹"交谈"呢。几千米外就能听到老虎的咆哮声，因此邻居们都很了解这些老虎朋友了。老虎也不会冲其他动物吼叫，如果老虎准备发起攻击，那么它们的鼻子会发出呼哧呼哧的声音，嘴巴会发出咝咝声。

你是不是觉得如果我们在树林里碰到了老虎，它们会立刻吃掉我们？

好吧，如果我们惹到了老虎，那么它们可能真的会吃掉我们，它们完全没做错什么，谁叫我们没事儿去惹它们呢！但我们很可能根本遇不到老虎。当然，老虎会发现并感受到我们人类的存在，但我们却看不到它们。因为老虎会避开我们，它们根本不想与人类交朋友。

老虎虽然个头非常大，但毕竟还是猫科动物。而猫科动物的好奇心特别重。

所以老虎也会很好奇：是谁在森林里走来走去呢？所以它会躲在树后观察，还会站起来看一看，再回家去。它还会检查在自己的森林中建造的狩猎屋，因为它需要知道自己的领地上发生了什么事呀。

**要知道，老虎可是森林的主人，
它应该维持好自己领地的秩序。**

通常，老虎会努力避开人类。毕竟，它完全清楚一个拿着猎枪的人意味着什么……有时候，特别是在冬天，一只老虎会沿着人类走过的路径行走，但这根本不是因为它想攻击人类，而是因为对于老虎来说，在深雪中行走并不容易。如果有人在积雪中走出一条道路，那么真得好好感谢他了，老虎肯定会好好利用这条道路的。

**印度人非常害怕
孟加拉虎。**

因此，进入丛林时，许多印度人都会戴上画着人脸的面具。但他们把这个面具戴在脑后，你知道这是为什么吗？因为老虎通常从后面发起进攻。老虎该如何分辨这些戴着面具的人哪边是正面，哪边是背面呢？

**他们前面才是真正的人脸，
而后面是人脸面具呀！**

可老虎却大吃一惊："这是多么奇怪的东西呀！他们竟然长着两张面孔，我可不要攻击他们，可能他们的肉也不好吃吧！"印度人认为老虎是这么想的。但老虎实际上在想什么呢？

**也许，实际上老虎根本不想攻击
任何人！**

它们只是想来看看这些带着面具的人罢了，因为在丛林中不是每天都能看到这样的怪物呀。正如我们所说的，老虎不仅是好奇心非常重的猫科动物，还非常聪明。甚至算得上最聪明的猛兽！哦，也许它们能够区分真的人脸和纸做的人脸吧。好吧，哪怕是靠嗅觉来区分！你知道老虎有多么灵敏的嗅觉吗？

是呀，老虎好奇心特别重，
　　那么人类呢？没有好奇心吗？

　　我们也想了解更多有关老虎的知识，它们是这么罕见、这么完美。当然，你可以在马戏团和动物园观察老虎，但这根本不够。如果能在野外窥探这些"大猫"的生活该多好呀！可是森林很茂密，里面的老虎很少，而且它们还会巧妙地躲藏起来……

有时，人们把隐形摄像机
　　藏在森林里的树上。

　　但老虎可没有义务在这些隐形摄像机前面走来走去。所以，有时候隐形摄像机在森林里放置了几个月，却只拍到了野兔和野猪。科学家们想出了个办法：把带发射器的特殊项圈戴在老虎身上。当然，这样也看不到老虎，但是可以知道它们在哪里散步呀。

不要认为这种项圈不会
　　　　影响到老虎呀！

　　"劝服"老虎戴上这样的装饰当然也是个问题。必须建造一个特殊的陷阱，但老虎可能永远都不会掉进去。狡猾的人类会在陷阱中撒满缬草——你知道所有猫科动物都喜欢缬草的气味吗？

这样，从陷阱中出去时，老虎已经
　　　　　被戴上发射器了。

　　当然，摄像机里还是看不到它们的身影，真是太遗憾了。它们可漂亮了！看起来很柔软、很健壮，也许摸起来会很舒服吧……但即使是训练有素的老虎，你也不能去拥抱它们。

可能永远都不会存在完全被驯化的老虎。

虽然老虎也经常与人类交朋友，但这些老虎都不是在大自然里出生的，它们已经习惯了人类，并对那些从小就喂养它们、和它们玩耍、照顾它们的人产生了信任感。这些人既可以拥抱老虎，又可以抚摸它们的大脑袋。多么幸福呀！

可惜，老虎并不会发出咕噜咕噜的声音。

如果没有咕噜声，那么怎么能知道这只"大猫"是满意还是不满意呢？可以用这样的方式来确定：当一只老虎对一切都感到满足并且心情愉悦时，它会完全眯起或直接闭上眼睛。但只有在完全确定没有任何人或物会威胁到自己时，它才这样做。也就是说，它已经准备好让自己完全信任的人来抚摸自己了。

人们始终都对老虎赞不绝口，
羡慕它们的美丽、力量和灵巧。

当然，自古以来就有很多关于老虎的传说。人们认为它是力量和权力的象征，称它们为万兽之王。在朝鲜，老虎是神，是山脉和洞穴的主人，也是王室的守护神。在古代中国，人们认为白虎是四大守护神兽之一，是西方的守护神。

很好奇在哪里能找到白色的老虎呢？
真的很想看看它们呀！

中国人相信老虎可以赶走邪灵、驱除疾病，它们的形象可以给人们带来好运。一些生活在当今马来西亚部落中的人坚信：老虎只不过是看起来有些不同的人类罢了。他们还认为老虎有自己的领袖、战士，甚至仆人和奴隶。

但你知道事实并不是这样呀！
老虎没有仆人和奴隶，
所有老虎都是平等、自由、完美的。

如果你还想和我们聊聊天，那么就请转告大人们，我们需要人类的保护，以避免偷猎人的围捕！而且，请不要再采伐森林了，老虎要在那里生存呢！

拜拜啦！
让我们在针叶林里相见吧！

动物园里的朋友们

本套书共三辑，每辑 10 册，共 30 册。明星作者以第一人称讲故事的形式，展现每个动物最与众不同、最神奇可爱的一面，介绍了每种动物的种类、生活环境、形态特征、生活习性等各方面。让孩子们足不出户也能了解新奇有趣的动物知识。

第一辑（共 10 册）

 我是企鹅
 我是狐狸
 我是刺猬
 我是老虎
 我是蝙蝠
 我是山羊

 我是松鼠
 我是狮子
 我是北极熊
 我是大熊猫

第二辑（共 10 册）

 我是海豚
 我是河马
 我是猫
 我是蛇
 我是长颈鹿
 我是驼鹿

 我是蚊子
 我是蝴蝶
 我是浣熊
 我是麝鼹

第三辑（共 10 册）

 我是小熊猫
 我是大象
 我是长尾猴
 我是斗牛犬
 我是考拉
 我是树懒

 我是袋熊
 我是蚂蚁
 我是老鼠
 我是臭鼬

图书在版编目（CIP）数据

动物园里的朋友们. 第一辑. 我是老虎 / （俄罗斯）
伊·拉古坚科文 ；于贺译. -- 南昌 ：江西美术出版社，
2020.11
　　ISBN 978-7-5480-7508-0

　　Ⅰ．①动… Ⅱ．①伊… ②于… Ⅲ．①动物－儿童读
物②虎－儿童读物 Ⅳ．①Q95-49

　　中国版本图书馆CIP数据核字(2020)第070940号

版权合同登记号 14-2020-0158

Я тигр
© Lagutenko I., text, 2017
© Voronina E., illustrations, 2017
© Publisher Georgy Gupalo, design, 2017
© OOO Alpina Publisher, 2018
The author of idea and project manager Georgy Gupalo
Simplified Chinese copyright © 2020 by Beijing Balala Culture Development Co., Ltd.
The simplified Chinese translation rights arranged through Rightol Media (本书中文简体版权经由锐拓
传媒旗下小锐取得Email:copyright@rightol.com)

出 品 人：周建森
企　　划：北京江美长风文化传播有限公司
策　　划：巴拉拉
责任编辑：楚天顺 朱鲁巍
特约编辑：石　颖 吴　迪 王　毅
美术编辑：童　磊 周伶俐
责任印制：谭　勋

动物园里的朋友们（第一辑） 我是老虎
DONGWUYUAN LI DE PENGYOUMEN(DI YI JI) WO SHI LAOHU

[俄]伊·拉古坚科 / 文 [俄]叶·沃罗宁娜 / 图 于贺 / 译

出　　版：江西美术出版社
地　　址：江西省南昌市子安路66号
网　　址：www.jxfinearts.com
电子信箱：jxms163@163.com
电　　话：0791-86566274 010-82093785
发　　行：010-64926438
邮　　编：330025
经　　销：全国新华书店

印　　刷：北京宝丰印刷有限公司
版　　次：2020 年 11 月第 1 版
印　　次：2020 年 11 月第 1 次印刷
开　　本：889mm×1194mm 1/16
总 印 张：20
ISBN 978-7-5480-7508-0
定　　价：168.00 元（全 10 册）

伊·拉古坚科

　　本书作者是著名音乐家，是曾在很多城市和国家巡回演出的乐队组合Mumiy Troll的主唱伊·拉古坚科。这支乐队发行过多张专辑，拍摄过多部音乐短片，并且曾经在堪察加半岛上的活火山山口演出。他是阿穆尔州所有老虎的好朋友，甚至为老虎专门写了一本书——《关于老虎的故事》。

作者谈老虎：

　　"小时候，我住在符拉迪沃斯托克。老虎有时候会出现在街道上。顺便说一句，俄罗斯符拉迪沃斯托克的市徽上也有一只老虎。后来，我们的乐队发行过一张名为《安巴》的专辑。很久以前，远东地区的人们将老虎称作"安巴"。同时，我也是俄罗斯老虎荣誉大使，加入了国际老虎保护基金会。因此，我的生活和老虎有着千丝万缕的联系。我很高兴向你们介绍老虎。我希望，你们也愿意更进一步了解老虎！"

目录

上架建议：科普绘本

ISBN 978-7-5480-7508-0

定价：168.00元（全10册）

兴盛乐
国兴文盛　乐在阅读

官方微信二维码

很神秘 · 很喧闹 · 很合群

140 мм

130 мм　　　　　　　　　　　　　130 мм

120 мм　　　　　　　　　　　　　120 мм

动物园里的朋友们
（第一辑）

我是蝙蝠

［俄］玛·阿布拉莫娃／文

［俄］维·米涅耶夫／图

于贺／译